ABHANDLUNGEN DER DEUTSCHEN AKADEMIE
DER WISSENSCHAFTEN ZU BERLIN

Klasse für Mathematik, Physik und Technik

Jahrgang 1958, Nr. 6

SIEGFRIED HELLER

DIE ENTDECKUNG DER STETIGEN TEILUNG DURCH DIE PYTHAGOREER

THEORIA CUM PRAXI

AKADEMIE-VERLAG · BERLIN

1958

Vorgelegt von Hrn. R. Rompe in der Gesamtsitzung vom 10. April 1958
Zum Druck genehmigt am gleichen Tage, ausgegeben am 20. November 1958

Erschienen im Akademie-Verlag GmbH, Berlin W 8, Mohrenstraße 39

Lizenz-Nr. 202 · 100/525/58
Satz, Druck und Bindung: IV/2/14 · VEB Werkdruck Gräfenhainichen · 959
Bestell- und Verlagsnummer: 2001/58/I/6
Preis: DM 4,–
Printed in Germany
ES 19 B 1

INHALT

1. EINLEITUNG

Es wird sich wohl niemals mit Sicherheit der Name dessen feststellen lassen, der als erster das regelmäßige Fünfeck mit Zirkel und Lineal konstruiert und im Zusammenhang damit die „stetige Teilung" entdeckt hat. Wir vermögen aber das erstmalige Auftreten dieser Teilung wenigstens zeitlich annähernd einzuordnen. Es handelt sich dabei um die bei EUKLID im 2. Buch der Elemente, Satz 11. gegebene Konstruktion. Von ihr dürfen wir annehmen, daß sie bereits den Pythagoreern des 5. Jahrhunderts v. Chr. bekannt war. Denn die geometrische Algebra, welche den Inhalt des 2. Buches ausmacht, verdankt ihren systematischen Ausbau der Entdeckung irrationaler Größen, die, wie weiter unten gezeigt werden soll, etwa um die Mitte des 5. Jahrhunderts v. Chr. erfolgt sein muß. Von Lehrsatz 10 des 2. Buches ist uns durch den Bericht des PROKLOS DIADOCHOS (410–485) über die sog. Seiten- und Durchmesserzahlen bezeugt, daß er bei der Untersuchung der Inkommensurabilität der Diagonale und Seite des Quadrats eine gewisse Rolle spielte[1]).

Im folgenden soll nachgewiesen werden, daß etwas Ähnliches auch für den Satz 11 des 2. Buches gilt. Höchstwahrscheinlich haben die Pythagoreer durch ihre Untersuchungen am regelmäßigen Fünfeck bzw. am Pentagramm, das ja das Bundeszeichen der Pythagoreer war, zunächst die Inkommensurabilität der Diagonale und Seite dieses Vielecks entdeckt; später sind sie bei dem Versuch, das Verhältnis dieser Strecken zu ergründen, zur geometrischen Definition und zur Konstruktion der „stetigen Teilung" gelangt.

---

[1]) Procli Diadochi in Platonis rem publicam commentarii, ed. W. Kroll, Leipzig 1901, II, S. 24ff. Vgl. hierzu auch E. Stamatis, *Ἀριθμοὶ τέλειοι, πλευρικοί, διαμέτρικοι. Ἡ* $\sqrt{2}$, Platon *4*, Athen 1952, 289–297. Ders., *Εὐκλείδου γεωμετρία· θεωρία ἀριθμῶν*, II, Athen 1953, 8–22. S. Heller, Ein Beitrag zur Deutung der Theodoros-Stelle in Platons Dialog „Theaetet" Kopenhagen 1956, Centaurus *5*, S. 5ff.

2. DER PYTHAGOREER HIPPASOS VON METAPONT

Die uns zugänglichen Berichte über die erste Entdeckung irrationaler Größen sind zwar sehr kurz gehalten, machen aber, soweit sie die mathematischen Zusammenhänge betreffen, einen durchaus glaubwürdigen Eindruck. Die Überlieferung ist aber auch mit legendenhaftem Beiwerk ausgeschmückt — ein Zeichen dafür, welch ungeheures Aufsehen seinerzeit das Bekanntwerden der Entdeckung hervorgerufen haben muß.

Als erster Entdecker des Irrationalen wird ein Philosoph pythagoreischer Prägung, HIPPASOS mit Namen, bezeichnet. Er könnte nach den Angaben sogar noch ein unmittelbarer Schüler von PYTHAGORAS gewesen sein. Er stammte wohl aus Metapont[2]; auch ARISTOTELES spricht von ihm als dem *Μεταποντίνῳ*[3]. Nach anderen soll er aus Kroton gebürtig gewesen sein[4].

IAMBLICHOS aus Chalkis (Kölesyrien) (etwa 283–330) berichtet in seinem umfassenden Werke „Über die pythagoreische Philosophie" (*Περὶ τῆς Πυθαγορικῆς αἱρέσεως*), und zwar im ersten Buche, HIPPASOS habe „zuerst die aus zwölf Fünfecken zusammengesetzte Kugel öffentlich beschrieben und sei deshalb als ein Gottloser im Meere umgekommen"[5]. Ferner habe er „als erster das Wesen der Meßbarkeit und Unmeßbarkeit an Unwürdige verraten"[6]. Deswegen sei er nicht nur aus dem pythagoreischen Bunde ausgestoßen worden, sondern ihm sei auch ein Grab bereitet worden wie einem, der gänzlich aus dem Kreise seiner früheren Gefährten verschwinden soll[7].

Hiermit stimmt überein, was in einem Scholion zum 10. Buche von EUKLIDS Elementen über HIPPASOS ausgeführt wird[8]: Derjenige, welcher als erster die Lehre vom Unaussprechbaren in die Öffentlichkeit gebracht habe, sei bei einem Schiffbruch ums Leben gekommen. „Alles, was sich auf keine Weise ausdrücken läßt, sowohl das Unaussprechbare wie auch das Unerschaubare, verbirgt sich gern; wenn aber irgendeine Seele auf eine solche Gestalt des Lebens trifft und sie öffentlich und sichtbar macht, dann wird sie in das Meer des Werdens versenkt und von dessen unsteten Wogen umhergetrieben".

IAMBLICHOS berichtet an einer anderen Stelle[9], nach dem Tode von PYTHAGORAS sei es unter seinen Jüngern zu Meinungsverschiedenheiten betreffs der Lehre gekommen; es habe

---

[2]) Das heutige Metaponto, 40 km westl. von Tarent am Golf von Tarent.

[3]) Aristoteles' Metaphysik 984 a 7, übers. von E. Rolfes, Leipzig 1920, I, S. 9.

[4]) Iamblichi de vita Pythagorica liber, ed. L. Deubner, Leipzig 1937, S. 47, 3–4. Diese Abhandlung wird im folgenden als Iamblichos I zitiert.

[5]) Iamblichos I, S. 52, 3–5: *διὰ δὲ τὸ ἐξενεγκεῖν καὶ γράψασθαι πρώτως σφαῖραν τὴν ἐκ τῶν δώδεκα πενταγώνων ἀπώλετο κατὰ θάλατταν ὡς ἀσεβήσας.* An einer anderen Stelle spricht Iamblichos (S. 132, 19–21) von dem, welcher die Zusammensetzung des Zwanzigecks offenbar gemacht habe, d. h. den Zwölfflächner in die Kugel einzupassen (*τὸν δηλώσαντα τὴν τοῦ εἰκοσαγώνου σύστασιν· τοῦτο δ' ἦν δωδεκάεδρον εἰς σφαῖραν ἐκτείνεσθαι*).

[6]) Iamblichos I, S. 132, 11–12: *τὸν γοῦν πρῶτον ἐκφάναντα τὴν τῆς συμμετρίας καὶ ἀσυμμετρίας φύσιν τοῖς ἀναξίοις μετέχειν τῶν λόγων.*

[7]) Iamblichos I, S. 132, 13–17.

[8]) Euclidis Elementa, ed. J. L. Heiberg, V, Leipzig 1888, S. 417, 12–20. (S. 417, 14–15: *πᾶν τὸ ἄλογον ἐν τῷ παντὶ καὶ ἄλογον καὶ ἀνείδεον κρύπτεσθαι φιλεῖ.*)

[9]) Iamblichos I, S. 46, 24–47, 3.

zwei Klassen von Philosophen gegeben: οἱ μὲν ἀκουσματικοί, οἱ δὲ μαθηματικοί. „Die μαθηματικοί wurden von den anderen als Pythagoreer anerkannt; diese erkannten aber die ἀκουσματικοί nicht als Pythagoreer an; denn ihre Lehre stamme nicht von PYTHAGORAS, sondern von HIPPASOS". Es ist schwierig, aus diesen Worten etwas Sinnvolles herauszulesen[10]). Weiter unten wird gezeigt, wie die Stelle zu erklären ist.

Wir hören bei IAMBLICHOS auch von politischen Kämpfen zwischen den εὔποροι, der herrschenden Klasse, mit der die Pythagoreer befreundet waren[11]), und den δημοτικοί, dem „Volk", auf dessen Seite offenbar HIPPASOS stand. Es handelt sich hierbei um die Unruhen, die etwa um 445 v. Chr. dem politischen Einfluß der Pythagoreer in den Städten Süditaliens ein Ende bereiteten[12]). Hierüber liegen von Geschichtsschreibern Berichte vor, welche die Darstellung des IAMBLICHOS als richtig bestätigen.

Die Entdeckung irrationaler Größen ist also zeitlich mit einer Krise der pythagoreisch orientierten Vorherrschaft in Süditalien zusammengefallen. Sie hat die vielleicht schon längere Zeit zwischen einzelnen Gruppen des pythagoreischen Bundes bestehenden Spannungen verschärft und dadurch seine politische Macht derart geschwächt, daß der Bund im politischen Leben Unteritaliens fortan keine Rolle mehr spielte.

Im 3. Buche seiner Geschichte der Pythagoreer kommt IAMBLICHOS noch einmal auf HIPPASOS zu sprechen[13]) und wiederholt wörtlich seine früheren Ausführungen über die zwei Richtungen unter den späteren Pythagoreern, nur daß er die Rollen der ἀκουσματικοί und der μαθηματικοί jetzt miteinander vertauscht[14]). Durch diese Umstellung erhält der Satz einen vernünftigen Sinn. Unter den ἀκουσματικοί sind die Anhänger der alten pythagoreischen Lehre, „die auf des Meisters Worte schwören", zu verstehen. Die „Neuerer" dagegen, die mit HIPPASOS von der Existenz irrationaler Größen überzeugt sind, werden als μαθηματικοί bezeichnet. Nun leuchtet auch ein, daß die ἀκουσματικοί von den andern als Pythagoreer anerkannt, die μαθηματικοί dagegen als Anhänger des „Verräters" HIPPASOS von jenen als Abtrünnige betrachtet werden[15]).

IAMBLICHOS fügt diesem Abschnitt, nachdem er noch den Verrat des HIPPASOS und dessen Tod auf dem Meere erwähnt hat, die Bemerkung an, „die neue Lehre hätte Fortschritte gemacht und wäre besonders von THEODOROS von Kyrene und von HIPPOKRATES von Chios

---

[10]) Versteht man in Anlehnung an die Stelle des Neuen Testaments Epist. St. Jac. 1, 22: Γίνεσθε δὲ ποιηταὶ λόγου, καὶ μὴ μόνον ἀκροαταί (Seid aber Täter des Worts, und nicht Hörer allein) unter den ἀκουσματικοί diejenigen, welche sich mit dem Gehörten zufrieden geben, unter den μαθηματικοί aber diejenigen, welche an der Lehre, ihrer Auslegung und Verbreitung weiterarbeiten, so ist nicht zu erklären, wieso die Lehre der ἀκουσματικοί von Hippasos und nicht von Pythagoras stammen sollte. Die Stelle zeigt, daß man IAMBLICHOS' Geschichtswerk mit Vorsicht aufnehmen muß. Erwin Rohde hat in seiner Untersuchung „Die Quellen des Iamblichos in seiner Biographie des Pythagoras" (Rh. Mus. XXVI, 554; XXVII, 23 = Kleine Schriften, Tübingen u. Leipzig 1901, II, 102—172) nachgewiesen, daß Iamblichos die Biographie des Pythagoras aus älteren Vorlagen ziemlich kritiklos zusammengestellt hat.

[11]) Iamblichi de communi mathematica scientia liber, ed. N. Festa, Leipzig 1891, S. 77, 6f. Diese Abhandlung wird im folgenden als Iamblichos II zitiert.

[12]) Vgl. K. v. Fritz, The discovery of incommensurability by Hippasus of Metapontum, Ann. of Math. *46* (1945), S. 245.

[13]) Iamblichos II, S. 76, 16—78, 1.

[14]) Iamblichos II, S. 76, 17—22: δύο γὰρ ἦν γένη καὶ τῶν μεταχειριζομένων αὐτήν, οἱ μὲν ἀκουσματικοί, οἱ δὲ μαθηματικοί. τούτων δὲ οἱ μὲν ἀκουσματικοὶ ὡμολογοῦντο Πυθαγόρειοι εἶναι ὑπὸ τῶν ἑτέρων, τοὺς δὲ μαθηματικοὺς οὗτοι οὐχ ὡμολόγουν, οὔτε τὴν πραγματείαν αὐτῶν εἶναι Πυθαγόρου, ἀλλὰ Ἱππάσου.

[15]) Iamblichos gibt auch eine Erklärung für die Entstehung der zwei „Richtungen" unter den Pythagoreern (II, 77, 4—17). Als Pythagoras nach Unteritalien gekommen war und unter den Ersten in den dortigen Städten Anhänger fand, glaubte er, es den Älteren unter ihnen, die im öffentlichen Leben standen, nicht zumuten zu dürfen, daß sie seine gesamte Lehre mit ihrer Begründung erlernten, sondern er beschränkte sich bei ihnen auf Unterredungen und die Mitteilung der wichtigsten Ergeb-

gefördert worden"[16]. Weil diese beiden Namen im Mathematikerverzeichnis bei PROKLOS[17] auch zusammen angeführt werden, schloß RUDIO in seiner Schrift „Der Bericht des SIMPLICIUS über die Quadraturen des ANTIPHON und des HIPPOKRATES"[18], IAMBLICHOS habe bei der Abfassung seines Geschichtswerkes die „Geschichte der Geometrie" von EUDEMOS als Quelle benutzt und sei durch jene Stelle bei EUDEMOS zu seinem Zusatz veranlaßt worden. Herr v. FRITZ äußert sich in seiner aufschlußreichen Abhandlung „The Discovery of incommensurability by Hippasus of Metapontum" gleichfalls in diesem Sinne[19]. Man findet hier auch alles sehr sorgfältig zusammengestellt, was die Überlieferung sonst noch dem HIPPASOS – abgesehen von der Entdeckung des Irrationalen – an wissenschaftlichen Leistungen zuschreibt.

HIPPASOS gehört nach allem, was wir über sein Leben und seine Wirksamkeit wissen, zu der Mathematikergeneration, die THEODOROS (etwa 470–399) und HIPPOKRATES (um 440 v. Chr.) vorausging. Daher müssen wir die Entdeckung des Irrationalen durch HIPPASOS etwa um die Mitte des 5. Jahrhunderts v. Chr. ansetzen.

Herr v. FRITZ ist auf Grund seiner Untersuchungen der Ansicht, daß diese Entdeckung spätestens zu Beginn des letzten Viertels des 5. Jahrhunderts erfolgt sein müßte, daß sie aber auch schon früher angesetzt werden könnte[20].

Es ist begreiflich, daß die pythagoreischen „Mathematiker" nach weiteren Beweisen ihrer These von der Existenz irrationaler Größen suchten. Tatsächlich fanden sie – wahrscheinlich sehr bald nach der ersten Entdeckung durch HIPPASOS – ein zweites inkommensurables Streckenpaar in der Diagonale und Seite des Quadrats. Über den Zeitpunkt dieser Entdeckung ist uns zwar nichts überliefert, aus der THEODOROS-Stelle in PLATONS Dialog „Theaetet"[21] können wir aber schließen, daß um 400 v. Chr. unter den griechischen Mathematikern diese zweite Entdeckung jedenfalls als eine bekannte Tatsache gegolten hat. Sie muß also spätestens im letzten Viertel des 5. Jahrhunderts zustandegekommen sein, kann aber auch schon früher erfolgt sein.

---

nisse. Die Jüngeren aber und die, welche in der Lage waren, zu arbeiten und zu lernen (*δυνάμενοι πονεῖν καὶ μανθάνειν*), weihte er in die Grundlagen seiner Lehre ein. So erklärt sich die Bezeichnung *μαθηματικοί* für letztere. Nun kann man auch verstehen, daß die „Mathematiker" infolge ihrer geistigen Schulung in der Lage waren, die Entdeckung des Irrationalen durch Hippasos richtig aufzunehmen und zu würdigen, wozu die *ἀκουσματικοί* offenbar nicht imstande waren. Wir können daher nicht die Auffassung von E. Wellmann (Art. „Hippasos" in Pauly-Wissowa, Real-Enzyklop. d. klass. Altertumswiss. 1913) teilen, der Hippasos als den Begründer der Gruppe der Akusmatiker bezeichnet. W. bezieht sich dabei auf die oben genannte Stelle in Iamblichos I, erwähnt aber gar nicht die viel aufschlußreichere Stelle in Iamblichos II. – Der Bericht des Iamblichos ist auch deshalb bemerkenswert, weil wir durch ihn erfahren, daß bereits im Anfang des 5. Jahrhunderts v. Chr. die Bezeichnung „Mathematiker" auf eine Gruppe von Menschen angewandt wurde, die sich wissenschaftlich betätigten.

[16]) Iamblichos II, S. 77, 24—78, 1: *ἐπέδωκε δὲ τὰ μαθήματα, ἐπεὶ ἐξηνέχθησαν δισσοὶ προάγοντε μάλιστα, Θεόδωρός τε ὁ Κυρηναῖος καὶ Ἱπποκράτης ὁ Χῖος.*

[17]) Proklos Diadochos, Kommentar zu Euklids Elementen I. Buch, deutsch von L. Schönberger, ed. M. Steck, Halle 1945, S. 212, 4 f.

[18]) F. Rudio, Der Bericht des Simplicius über die Quadraturen des Antiphon und des Hippokrates, Leipzig 1907, S. 99f.

[19]) K. v. Fritz[12]), S. 245.

[20]) K. v. Fritz, a. a. O. S. 244.

[21]) Platonis opera recognovit Joannes Burnet, Oxford (1905), I, 147 d 3—6.

3. DIE ENTDECKUNG DER INKOMMENSURABILITÄT DURCH HIPPASOS

Unzweifelhaft hat HIPPASOS, dessen Beschäftigung mit dem Pentagondodekaeder ja bezeugt ist, die „Inkommensurabilität" durch Untersuchungen an der Diagonale und Seite des regelmäßigen Fünfecks entdeckt. Wenn wir uns vorstellen, daß er seine Überlegungen an einem regelmäßigen Fünfeck angestellt hat, so erhebt sich sofort die Frage, wie er ein solches Fünfeck zeichnen konnte. Mit Lineal und Zirkel allein sicherlich nicht; denn diese Konstruktion setzt die Kenntnis der stetigen Teilung voraus. Daß man aber damals die stetige Teilung noch gar nicht gekannt haben konnte, geht aus folgendem hervor:

Das algebraische Äquivalent der stetigen Teilung $a(a-x) = x^2$ oder $(a+x)x = a^2$ führt zu $\left(x+\frac{a}{2}\right)^2 = \left(\frac{a}{2}\right)^2 + (a+x)x$. Diese Gleichung ist der algebraische Ausdruck für eine hyperbolische Flächenanlegung — eine Aufgabe, die mittels EUKLID II, 6 gelöst wird. Nun kommt aber HIPPOKRATES bei der Quadratur des Möndchens, dessen größerer Kreisbogen in drei gleiche Teile und dessen kleinerer in zwei gleiche Teile geteilt wird[22]), auf eine Konstruktionsaufgabe, die algebraisch der Lösung der Gleichung $\left(r\sqrt{\frac{3}{2}}+x\right)x = r^2$ entspricht[23]). Diese Gleichung läßt sich auf $\left(x+\frac{r}{2}\sqrt{\frac{3}{2}}\right)^2 = \left(\frac{r}{2}\sqrt{\frac{3}{2}}\right)^2 + \left(r\sqrt{\frac{3}{2}}+x\right)x$ zurückführen, woraus man erkennt, daß es sich hier um die gleiche hyperbolische Flächenanlegung wie bei der stetigen Teilung handelt[24]). Offenbar war aber dem HIPPOKRATES die Lösung dieser Aufgabe nur mit Zirkel und Lineal, d. h. die in II, 11 gegebene Konstruktion, noch nicht geläufig; denn er bediente sich hier der *νεῦσις*, d. h. der „gerichteten Einschiebung"[25]). Wenn aber HIPPOKRATES vielleicht erst in späteren Jahren, was wohl anzunehmen ist, den Lehrsatz II, 6 kennen und anwenden lernte, so dürfen wir bei HIPPASOS, welcher der Mathematikergeneration vor HIPPOKRATES angehört, die Kenntnis dieses Satzes nicht voraussetzen und also erst recht nicht die Kenntnis der stetigen Teilung.

Höchstwahrscheinlich hat man zur Zeit von HIPPASOS bei der Konstruktion des regelm. Fünfecks oder bei der des Pentagramms die Methode der „gerichteten Einschiebung" angewandt. Wie man dabei vermutlich vorgegangen ist, zeigt sehr anschaulich Herr J. E. HOFMANN in seiner Abhandlung „Ein Beitrag zur Einschiebungslehre"[26]):

---

[22]) F. Rudio [18]), S. 56/57–66/67.

[23]) O. Becker, Das mathematische Denken der Antike, Göttingen 1957, S. 59f.

[24]) Setzt man $r\sqrt{\frac{3}{2}} = a$, so ist a bestimmt als die Diagonale des Quadrats über der Höhe des gleichseitigen Dreiecks mit der Seite r.

[25]) F. Rudio, a. a. O., S. 58, 8–11: *ἡ δὲ ἐφ' ᾗ EZ κείσθω ταύτης μεταξὺ καὶ τῆς περιφερείας ἐπὶ τὸ B νεύουσα τῶν ἐκ τοῦ κέντρου ἡμιολία οὖσα δυνάμει.* „Die Gerade EZ sei zwischen diese (Gerade) und die Peripherie (eines vorgegebenen Kreises) gelegt, nach B hin sich richtend und in der Potenz anderthalbmal so groß wie die Radien".

[26]) J. E. Hofmann, Ein Beitrag zur Einschiebungslehre, Zeitschr. f. math. u. naturw. Unterr. *57* (1926), S. 433–442.

Im regelm. Fünfeck ABCDE mit der Seitenlänge AB = a (Fig. 1) werden die Diagonalen AC und AD von der Diagonale BE in den Punkten F und G geschnitten. Mit Hilfe des Satzes von der Winkelsumme im Dreieck lassen sich alle hier auftretenden Winkel durch die Winkeleinheit $\alpha = 36°$ ausdrücken. Mittels des Satzes von der Gleichheit der Basiswinkel im gleichschenkligen Dreieck bzw. der Umkehrung dieses Satzes ergibt sich im gleichschenkligen Dreieck DEF sofort DF = DE = a; ebenso findet man CG = BC = a und BF = AB = a. Der Kreis um B mit dem Radius a geht also durch F und C; und schließlich ist die Gerade durch G und D das Mittellot zu AB. Hieraus erkennt man, daß die Strecken DF = a und CG = a zwischen dem Mittellot zu AB und dem Kreis um B derart „eingeschoben" sind, daß ihre Verlängerungen durch A gehen. Die bei dieser Überlegung benutzten Lehrsätze waren, wie auch Herr v. FRITZ nachweist[27]), den Pythagoreern sicherlich bekannt. HIPPASOS konnte also zur Herstellung eines regelm. Fünfecks über AB = a zunächst mittels der Kreisbögen um A und B mit Halbmesser a das Mittellot PQ zu AB zeichnen und von A aus zwischen das Mittellot und den Kreis um B die Strecke a (nach oben) auf zweierlei Weise einschieben. Hierdurch erhielt er die Eckpunkte C und D. Den fehlenden Eckpunkt E konnte er als Schnitt der Geraden BGF mit dem Kreis um A ermitteln[28]).

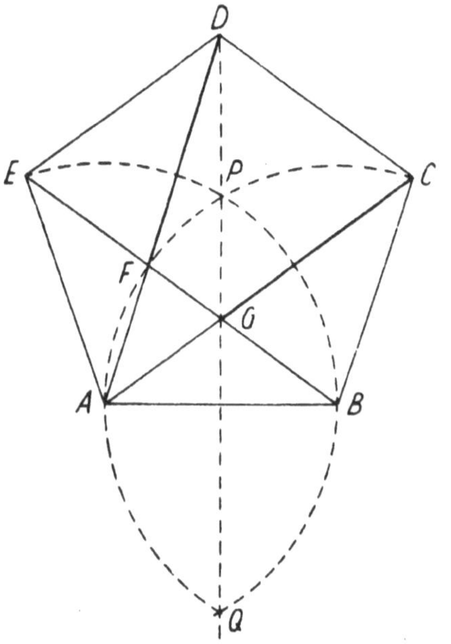

Figur 1

Als Pythagoreer hat HIPPASOS wahrscheinlich versucht, die im regelm. Fünfeck oder im Pentagramm verkörperten Zahlenverhältnisse zu ermitteln. Vielleicht dachte er dabei auch an die Möglichkeit, das regelm. Fünfeck ohne das Einschiebelineal, also nur mit Zirkel und Lineal zu konstruieren. Denn sicherlich haben die damaligen Mathematiker das Einschiebelineal nur als einen Notbehelf betrachtet und bei der Lösung geometrischer Aufgaben als ideales Ziel immer eine Konstruktion nur mit Lineal und Zirkel vor Augen gehabt[29]).

Es lag für HIPPASOS nahe, bei seinen Untersuchungen am regelm. Fünfeck zunächst das Verhältnis zwischen der Diagonale und der Seite zu bestimmen. Er ist dabei von der für ihn selbstverständlichen Annahme ausgegangen, daß diese Strecken ein gemeinsames Maß besäßen, das er mittels des Verfahrens der Wechselwegnahme feststellen könnte. Ein Blick auf das regelm. Fünfeck ABCDE mit den eingezeichneten Diagonalen (Fig. 2) wird ihn aber nach der Meinung des Herrn v. FRITZ[30]) sofort überzeugt haben, daß die Wechselwegnahme ins Unendliche fortgesetzt werden kann; denn die Diagonalen des Fünfecks bilden in der Mitte ein neues regelm. Fünfeck A′ B′ C′ D′ E′, dessen Diagonalen wieder ein noch kleineres Fünfeck A″ B″ C″ D″ E″ ergeben, u. s. f.

[27]) K. v. Fritz[12]), S. 258f.

[28]) J. E. Hofmann[26]), S. 435.

[29]) Wenn Archimedes in seiner Abhandlung „Über Spiralen" mehrfach von der νεῦσις Gebrauch macht, so bezweckt er damit nicht, eine wirkliche Lösung der betr. Konstruktion zu geben, sondern er will nur die Möglichkeit einer solchen Lösung dartun. Archimedes führt also mittels der νεῦσις den Existenzbeweis für geometrische Größen, an denen er dann seine Untersuchungen ausführt. Vgl. hierzu Th. Heath, Archimedes' Werke, deutsch von Fr. Kliem, Berlin 1914, S. 98.

[30]) K. v. Fritz, a. a. O., S. 257.

Im einzelnen konnte HIPPASOS zeigen, daß die Seite AB nur einmal auf der Diagonale AC abgetragen werden kann und daß auch später jeweils nur eine Abtragung möglich ist. Wegen AB = AE′ und E′ C = E′ B′ ist AC — AB = E′ B′, also gleich der Diagonale des nächstkleineren Fünfecks. Weiter folgt aus AB = BC = CD′, daß der zweite Rest AB — CE′ = D′ E′, also gleich der Seite des nächstkleineren Fünfecks ist. Der Vorgang der Wechselwegnahme wiederholt sich daher bei den nächsten beiden Schritten auf der Diagonale und

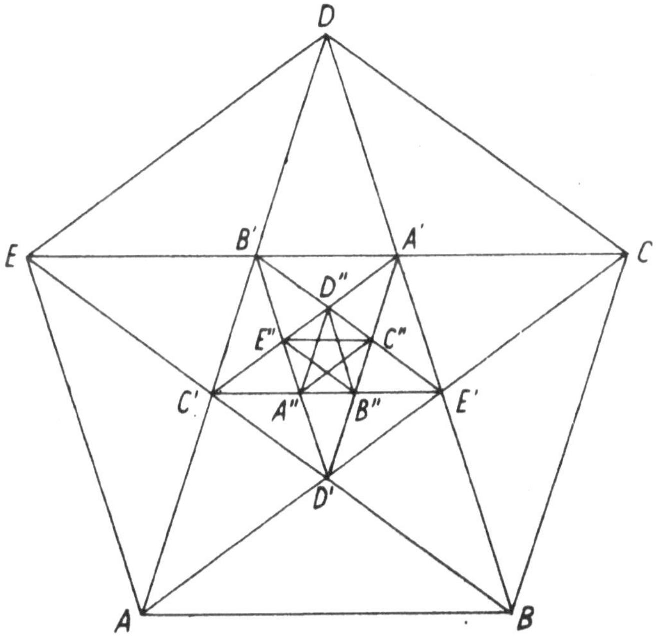

Figur 2

Seite des Fünfecks A′ B′ C′ D′ E′, um anschließend auf das Fünfeck A″ B″ C″ D″ E″ überzugreifen. Da in jedem neu entstehenden Fünfeck die Diagonalen wieder ein neues Fünfeck erzeugen, wird der Vorgang der Wechselwegnahme niemals ein Ende erreichen. Hieraus kann HIPPASOS die Schlußfolgerung gezogen haben, daß Diagonale und Seite des regelm. Fünfecks kein gemeinsames Maß besitzen, d. h. daß sie inkommensurabel sind.

HIPPASOS mußte darauf gefaßt sein, mit seiner Entdeckung auf scharfen Widerspruch seitens der überzeugten Anhänger der pythagoreischen Lehre zu stoßen; denn seine Behauptung von der Existenz inkommensurabler Strecken brachte die Grundlagen dieser Lehre ins Wanken. Sicherlich haben die Gegner die Richtigkeit seiner Beweisführung bezweifelt und ihre Gültigkeit bestritten. Insbesondere werden sie die Verwendung des „regressus in infinitum“ in seinem Inkommensurabilitätsbeweis als unzulässig und jeder Beweiskraft entbehrend bezeichnet haben; denn derartige Schlußketten hatte es bei mathematischen Untersuchungen in der pythagoreischen Schule vorher kaum gegeben.

Die durch HIPPASOS hervorgerufenen wissenschaftlichen Kämpfe zwischen der „alten Schule“, den ἀκουσματικοί, und den Anhängern der neuen Lehre, den μαθηματικοί, haben sicherlich sehr viel zur Entwicklung eines einwandfreien indirekten Beweises für die Existenz inkommensurabler Strecken beigetragen. In dieser Hinsicht haben in der Zeit nach HIPPASOS, wie IAMBLICHOS berichtet, THEODOROS und HIPPOKRATES viel für die Förderung und Verbreitung der neuen Lehre getan. Aber erst in der zweiten Mathematikergeneration nach HIPPASOS hat THEAETET dem Beweisverfahren die (für die damalige Zeit) endgültige Form gegeben, wie sie uns von EUKLID in den Sätzen X, 1 und 2 überliefert worden ist.

4. DIE URSPRÜNGLICHE DEFINITION DER STETIGEN TEILUNG MITTELS DES FLÄCHENBEGRIFFS

Die Beschäftigung der Pythagoreer mit dem regelm. Fünfeck hat nicht nur zur Entdeckung der Inkommensurabilität seiner Diagonale und Seite, sondern auch zur Auffindung der stetigen Teilung geführt. Wenn letztere Aufgabe vielleicht HIPPASOS selbst nicht zuzuschreiben ist, so muß sie doch bald nach seinem Tode von einem seiner Mitarbeiter gestellt und gelöst worden sein. Wie bereits oben bemerkt wurde, erfahren wir von dieser Teilung zum ersten Male etwas im 2. Buche der Elemente EUKLIDS. Hier wird im Satz 11 die Aufgabe gelöst: Eine Strecke so zu teilen, daß das Rechteck aus der ganzen Strecke und dem einen Abschnitt gleich dem Quadrat über dem andern Abschnitt ist. Diese vor anderen Streckenteilungen ausgezeichnete Zerlegung einer Strecke wird an dieser Stelle erstmalig beschrieben, und zwar unter Zuhilfenahme des Flächenbegriffs, dessen Verwendung in der geometrischen Algebra durch die erste Definition des 2. Buches ermöglicht wird.

Beachtenswert scheint mir die Einordnung dieser Aufgabe in das 2. Buch zu sein. Nachdem EUKLID in den Lehrsätzen 1–10 das Rüstzeug für die Lösung von Aufgaben mittels der geometrischen Algebra bereit gestellt hat, fügt er noch die Konstruktionsaufgaben 11 und 14 sowie die Lehrsätze 12 und 13 bei, die mittels der vorhergehenden Sätze 4–7 gelöst bzw. bewiesen werden. Nachdem nun durch den Bericht des PROKLOS, wie oben erwähnt, erwiesen ist, daß der Lehrsatz II, 10 bereits den griechischen Mathematikern des 5. Jahrhunderts v. Chr. bekannt war, berechtigt uns der systematische Aufbau der Elemente, insbesondere die Zusammenfassung der Sätze 1–10 mit den von diesen abhängigen Sätzen 11–14 in einem Buche zu dem Schlusse, daß der Inhalt des ganzen 2. Buches der Elemente genauso wie der Satz II, 10 altes Lehrgut der Pythagoreer darstellt.

Die Konstruktion des regelm. Fünfecks, die sich auf Satz II, 11 stützt, wird von EUKLID zwar erst im 4. Buche als Satz 10 und 11 gebracht; es unterliegt aber keinem Zweifel, daß sie genetisch unmittelbar zu II, 11 gehört. Da die Durchführung der Konstruktion jedoch einige elementare Sätze aus der Kreislehre (die den alten Pythagoreern ebenfalls schon bekannt waren) voraussetzt, mußte sie EUKLID aus systematischen Gründen in das 4. Buch zurückstellen.

Nun kann man die Frage aufwerfen, auf welche Weise wohl HIPPASOS oder ein „Mathematiker" unmittelbar nach ihm die geometrische Definition der stetigen Teilung gefunden haben mag. Aus dem Altertum besitzen wir darüber keine Nachrichten, und in der späteren mathematikgeschichtlichen Literatur wird auch nichts davon erwähnt. Die Bemerkung bei EUDEMOS[31]), daß „EUDOXOS von Knidos ... die Lehre von der Teilung der Geraden (*τὰ περὶ τὴν τομήν*), die PLATON grundgelegt hatte, in mehreren Sätzen weitergeführt habe", bezieht sich auf eine spätere Stufe der Entwicklung dieser Lehre. So urteilt auch TROPFKE[32]), welcher die Nachricht des EUDEMOS so auffaßt, daß „PLATON mit dem ‚Schnitt' zum erstenmal

[31]) Proklos' Kommentar[17]), S. 212, 22–27.

[32]) J. Tropfke, Geschichte der Elementar-Mathematik, II[1], Leipzig 1903, S. 99 = IV[3], Berlin 1940, S. 240f.

Proportionsbetrachtungen verband, die Eudoxos fortbildete, während die Untersuchungen der Pythagoreer bei dem entsprechenden Flächensatze stehen blieben". Ebenso vertritt Herr Thaer die Meinung, daß die Pythagoreer die Lösung der Aufgabe II, 11 bereits gekannt haben, obwohl ihm der dagegen geäußerte Einwand, daß „noch Eudoxos (um 370) über den ‚Schnitt' geschrieben habe", wohl bekannt ist[33]).

In der Tat wird die Urheberschaft der Pythagoreer an der geometrischen Definition dieser Teilung durch die Nachricht des Eudemos keineswegs erschüttert. Man hat es mit zwei Entwicklungsstadien dieser Lehre zu tun, was auch darin zum Ausdruck kommt, daß Euklid diese Teilung an zwei Stellen seiner Elemente behandelt, einmal in der wohl ursprünglichen Form unter Verwendung des Flächenbegriffs in II, 11 und dann unter Benutzung der Proportionslehre in VI, 30. Jedoch ist bemerkenswert, daß in beiden Fällen die Durchführung der Konstruktion auf flächengeometrischen Überlegungen beruht. Dies weist aber doch wohl darauf hin, daß die stetige Teilung zuerst mittels Flächenvergleichung definiert worden ist und daß man erst später Sätze der neu begründeten Proportionslehre auf sie anwandte[34]). Daß die griechischen Mathematiker in dieser Weise vorgingen, ist ganz erklärlich; denn die alte Proportionslehre war auf dem Begriff der natürlichen Zahl aufgebaut. Wir müssen aber dem Entdecker der Inkommensurabilität, Hippasos, und seinen Anhängern soviel mathematisches Verständnis und logisches Urteilsvermögen zutrauen, daß sie einsahen, sie dürften die bisherige Proportionslehre keinesfalls auf inkommensurable Strecken anwenden.

Aber gesetzt auch, man hätte bereits vor Eudoxos die stetige Teilung mittels des Verhältnisbegriffes, etwa durch Vergleichung der winkelgleichen Dreiecke ACD und AEB' (Fig. 2) definiert, so hätte man hieraus keinen Fingerzeig für die Konstruktion entnehmen können. Denn der Satz, daß bei jeder Proportion das Produkt der Außenglieder gleich dem Produkt der Innenglieder ist (Euklid VII, 19), galt ja nur für ganze Zahlen; erst Eudoxos hat diesen Satz auf irrationale Größen, insbesondere auch auf inkommensurable Strecken ausgedehnt (Euklid VI, 16).

Diese Überlegungen lassen nur den Schluß zu, daß Hippasos (oder ein „Mathematiker" unmittelbar nach ihm) ohne Verwendung von Proportionen auf die geometrische Definition der stetigen Teilung gestoßen ist und dabei zugleich den Weg zur Konstruktion des regelm. Fünfecks gefunden hat.

---

[33]) Cl. Thaer, Die Elemente von Euklid, I, Leipzig 1933, S. 86.

[34]) Euclidis Elementa[8]), II, Leipzig 1884, S. 72, 8–10: *ἄκρον καὶ μέσον λόγον εὐθεῖα τετμῆσθαι λέγεται, ὅταν ᾖ ὡς ἡ ὅλη πρὸς τὸ μεῖζον τμῆμα, οὕτως τὸ μεῖζον πρὸς τὸ ἔλαττον.*

5. DIE SEITEN- UND DURCHMESSERZAHLEN BEIM QUADRAT

Wir können uns sogar eine Vorstellung davon machen, wie HIPPASOS bei seinen Untersuchungen am regelm. Fünfeck vorgegangen sein mag, weil Überlieferungen, die ein ähnliches Problem wie das der stetigen Teilung betreffen, auf uns gekommen sind, nämlich die Berichte des THEON von Smyrna (um 130 n. Chr.)[35]) und des PROKLOS DIADOCHOS über die sog. Seiten- und Durchmesserzahlen am Quadrat.

Nach PROKLOS kamen die Pythagoreer und PLATON auf den Gedanken, zu sagen[36]): Wenn die Seite eines Quadrats aussprechbar ist, dann ist der Durchmesser nicht ohne weiteres aussprechbar, sondern wird es erst dadurch, daß sein Quadrat um die Einheit größer oder kleiner gemacht wird als das doppelte Quadrat der Seite. Man muß z. B. beim Quadrat mit der Seite 2 deren doppeltes Quadrat 8 um 1 vergrößern, um das Quadrat 9 des aussprechbaren Durchmessers 3 zu erhalten. Beim Quadrat mit der Seite 5 dagegen erhält man das Quadrat 49 des aussprechbaren Durchmessers 7, indem man vom doppelten Quadrat 50 der Seite die Eins abzieht.

Zur Begründung dieser Lehre haben die Pythagoreer den Satz aufgestellt: Verlängert man den Durchmesser eines Quadrats um die zugehörige Seite, so erhält man die Seite eines neuen Quadrats; verlängert man aber die Seite des Quadrats um sich selbst und um den zugehörigen Durchmesser, so erhält man den Durchmesser dieses neuen Quadrats. Sie haben dies mit Hilfe des Satzes bewiesen, der sich jetzt in den Elementen EUKLIDs als Lehrsatz II, 10 vorfindet. Auf Grund dieser einfachen Vorschrift, die wir durch die Gleichungen

$$(1) \qquad s_n = s_{n-1} + d_{n-1} \qquad \text{und} \qquad d_n = 2s_{n-1} + d_{n-1} = s_n + s_{n-1}$$

wiedergeben, läßt sich eine Reihe immer größer werdender Quadrate herstellen (Fig. 3).

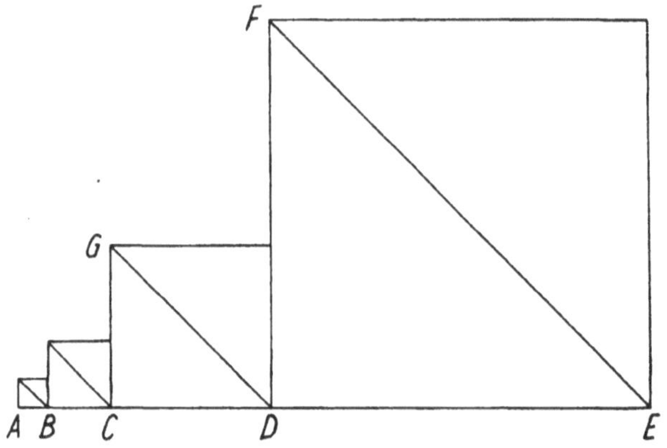

Figur 3

[35]) Theonis Smyrnaei expositio rerum mathematicarum ad legendum Platonem utilium, ed Ed. Hiller, Leipzig 1878, S. 43f.

[36]) Procli Diad. [1]), S. 27f.

Das Konstruktionsverfahren läßt sich leicht umkehren, so daß man eine Folge immer kleiner werdender Quadrate erhält. Geht man vom großen Quadrat über DE aus (Fig. 3), so hat man nur die Diagonale EF auf der Grundlinie ED und ihrer Verlängerung über D hinaus abzutragen, um (zufolge $d_n = s_n + s_{n-1}$) die Seite DC des nächstkleineren Quadrats zu erhalten. Mit dem Quadrat über CD und mit den folgenden Quadraten kann man ebenso verfahren. Auf diese Weise ergibt sich eine Reihe immer kleinerer Quadrate, für deren Seiten und Durchmesser die Gleichungen bestehen

$$s_{n-1} = d_n - s_n \quad \text{und} \quad d_{n-1} = s_n - s_{n-1}. \tag{2}$$

Nun erhielten die griechischen „Mathematiker" die Seiten- und Durchmesserzahlen, indem sie in Gedanken bis zu dem „kleinsten" Quadrat zurückgingen und in diesem „Anfangsquadrat" der Seite und dem Durchmesser den Wert „Eins" beilegten. Mittels der Gl. (1) berechneten sie dann die Seiten und Durchmesser der folgenden Quadrate. Dieses sonderbare „Beginnen" mit der „Einheit" führte, wie ein Blick auf die Reihe der so erhaltenen „Pseudoquadrate" zeigt (Fig. 4), von der Raute mit dem Winkel 60° zu Vierecken, die sich mehr und

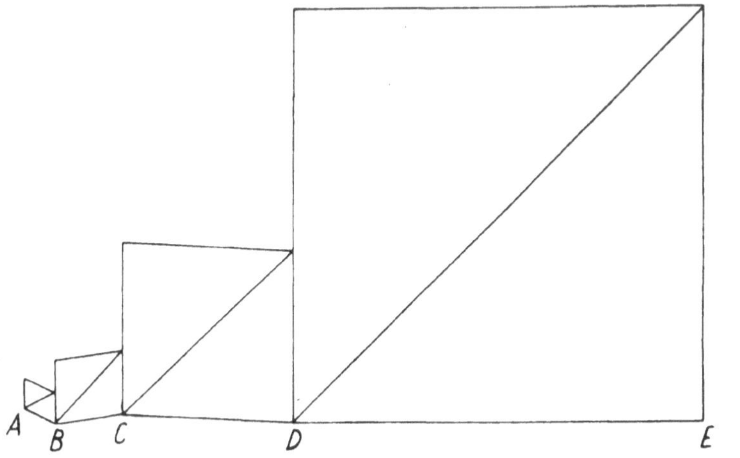

Figur 4

mehr der Gestalt eines Quadrats nähern. Die Pythagoreer konnten sich mit Hilfe der jetzt bei EUKLID II, 12 und 13 aufgeführten Lehrsätze, die unseren Kosinussätzen für das spitz- und stumpfwinklige Dreieck entsprechen, davon überzeugen, daß der Winkel im zweiten Viereck bei B spitz, im dritten Viereck bei C stumpf ist u. s. f., so daß die Grundlinien der Vierecke eine gebrochene Linie ergeben.

Unsere Gewährsmänner suchen auch nach einer Erklärung für dieses merkwürdige „Beginnen" und finden sie in der Vorstellung der Pythagoreer vom Wesen der *μονάς*, die mit einem Samenkorn zu vergleichen sei. Wie dieses alle Eigenschaften des künftigen Lebewesens bereits im Keime in sich trage, so sei die „Einheit" fähig, das Verhältnis von Durchmesser und Seite eines Quadrats aus sich heraus zu erzeugen. THEON gibt dieser Begründung den Ausdruck[37]: Wie die Einheit bei allen Dingen gemäß dem obersten und dem einem Samenkorn ähnlichen Verhältnis (Denkvermögen) am Anfang steht, so wird auch das Verhältnis vom Durchmesser zur Seite in der Einheit gefunden. Ähnlich äußert sich auch PROKLOS[38].

[37]) Theonis Smyrn.[35]), S. 43, 5–8: *ὥσπερ οὖν πάντων τῶν σχημάτων κατὰ τὸν ἀνωτάτω καὶ σπερματικὸν λόγον ἡ μονὰς ἄρχει, οὕτως καὶ τῆς διαμέτρου καὶ τῆς πλευρᾶς λόγος ἐν τῇ μονάδι εὑρίσκεται.*

[38]) Procli Diad.[1]), S. 24, 18–20: *ἐπεὶ γὰρ ἡ μονὰς πάντα ἐστὶν σπερματικῶς, δῆλον, φασίν, ὅτι καὶ πλευρά ἐστιν καὶ διάμετρος.*

Wir finden hier eine merkwürdige Vermischung mathematischer Überlegungen mit mystischen Vorstellungen vom Wesen der Zahl — eine Erscheinung, die bei den griechischen Mathematikern nicht nur in der Zeit des Übergangs vom Mythos zum Logos, sondern gelegentlich auch noch später festzustellen ist.

THEON und PROKLOS geben abschließend noch die Seiten- und Durchmesserzahlen bis zum vierten Viereck an:

$$\begin{array}{ll} s_1 = 1 & d_1 = 1 \\ s_2 = 2 & d_2 = 3 \\ s_3 = 5 & d_3 = 7 \\ s_4 = 12 & d_4 = 17 \end{array}$$

und weisen auf die eingangs erwähnte Eigentümlichkeit dieser Zahlenreihen hin, die wir kurz durch die Gleichung ausdrücken:

$$2s_n^2 - d_n^2 = \begin{Bmatrix} +1 \\ -1 \end{Bmatrix} \text{ für } n = \begin{cases} \text{ungerade} \\ \text{gerade.} \end{cases} \tag{3}$$

Den Pythagoreern war natürlich bekannt, daß sich das Verhältnis $d_n : s_n$ mit wachsendem nimmer mehr dem wahren Werte des Verhältnisses von Diagonale und Seite des Quadrats nähert. Sie wußten schon vor der Berechnung der Seiten- und Durchmesserzahlen, daß im „äußersten Falle", nämlich beim Quadrat, die Differenz $2s^2 - d^2$ gleich Null wird. Die Aufstellung der Seiten- und Durchmesserzahlen bezweckte also nicht, diesen „Grenzwert" zu ermitteln, sondern sollte lediglich dazu dienen, bei „aussprechbarer" Seite auch den Durchmesser „aussprechbar" zu machen oder, wie wir auch sagen dürfen, Näherungswerte für das Verhältnis $d : s$ zu ermitteln. Dies soll im Hinblick auf die Rolle, welche die Seiten- und Durchmesserzahlen des Quadrats vermutlich bei der Untersuchung des regelm. Fünfecks gespielt haben, hier ausdrücklich festgestellt werden.

6. DIE SEITEN- UND DIAGONALZAHLEN BEIM REGELMÄSSIGEN FÜNFECK

Es ist nun sehr gut denkbar, daß HIPPASOS und seine Anhänger aus den Untersuchungen am Quadrat, die zur Auffindung der Seiten- und Durchmesserzahlen führten, neue Anregungen für ihre Forschungen am regelm. Fünfeck empfangen haben. Wollten sie die Untersuchungsmethoden, die dort zu einem Erfolg geführt hatten, beim regelm. Fünfeck anwenden, so mußten sie sich zunächst eine Folge von regelm. Fünfecken verschaffen. Zu diesem Zwecke

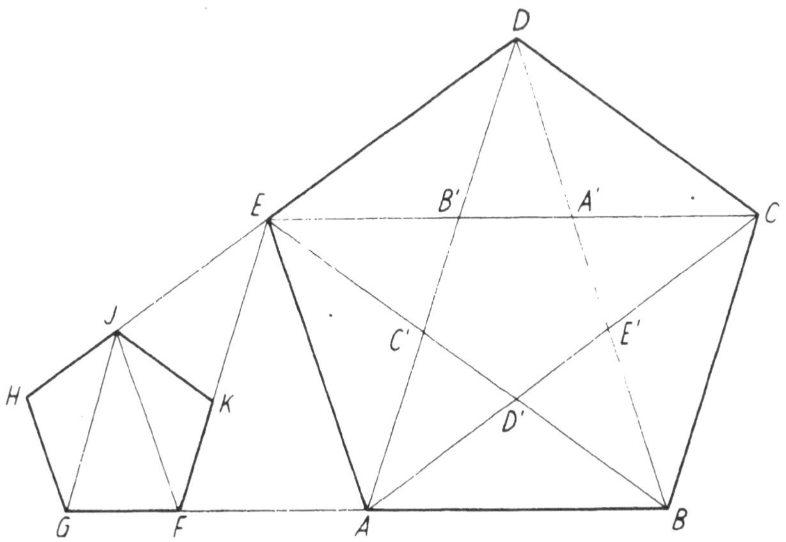

Figur 5

konnten die ,,Mathematiker" z. B. vom großen Fünfeck ABCDE in Fig. 2 ausgehen und (Fig. 5) auf der Verlängerung von BA über A hinaus mittels BF = BD den ersten Rest AF und mittels AG = AE den zweiten Rest FG erhalten. Nun wußten sie bereits[39]), daß der erste Rest AF die Diagonale und der zweite Rest FG die Seite des kleineren Fünfecks A′ B′ C′ D′ E′ in Fig. 2 ist. Aus diesen Strecken konnten sie also über FG das regelm. Fünfeck GFKJH konstruieren, das dem kleineren Fünfeck A′ B′ C′ D′ E′ der Fig. 2 entsprach. Jetzt war aber leicht zu erkennen, daß man in Fig. 5 zwischen dem großen und dem kleinen Fünfeck ein weiteres Fünfeck einschalten konnte, FAC′ EJ. Nach dem Einzeichnen der Diagonale FE in dieses Fünfeck ließ sich durch Winkelberechnungen nachweisen, daß es ein regelm. Fünfeck ist. So konnten die ,,Mathematiker" den folgenden Satz über die Seiten und Diagonalen beim regelm. Fünfeck aussprechen: Trägt man auf der Diagonale eines regelm. Fünfecks die zugehörige Seite ab, so erhält man die Seite eines neuen regelm. Fünfecks, und die Seite des ursprünglichen ist die Diagonale des neuen Fünfecks.

---

[39]) s. S. 11.

Vom Fünfeck GFKJH aus konnten sie dann das Konstruktionsverfahren fortsetzen und erhielten so eine Folge immer kleiner werdender regelm. Fünfecke, für deren Seiten und Diagonalen die Gleichungen galten:

(4) $$s_{n-1} = d_n - s_n \quad \text{und} \quad d_{n-1} = s_n,$$

welche den Gleichungen (2) beim Quadrat entsprachen.

Umgekehrt war es natürlich auch möglich, von einem kleinen regelm. Fünfeck ausgehend, eine Folge immer größer werdender regelm. Fünfecke aufzubauen. Die Vorschrift für ihre Konstruktion folgte aus den Gleichungen:

(5) $$s_n = d_{n-1} \quad \text{und} \quad d_n = s_n + s_{n-1},$$

welche den Gleichungen (1) beim Quadrat entsprachen.

Wie die „Mathematiker" nun im Falle des Quadrats bis zu dem „kleinsten Quadrat", dem „Anfangsquadrat", zurückgegangen waren, dessen Seite und Diagonale nach ihrer Meinung gerade noch von der Einheit gemessen wurden, so konnten sie sich vorstellen, in der Folge der kleiner werdenden Fünfecke bei dem „kleinsten Fünfeck" angelangt zu sein, dessen Seite und Diagonale sich gerade noch mit der Einheit messen ließen. Dabei durfte die Seite nur einmal in der Diagonale enthalten sein und mußte dann den Rest Eins liefern. Außerdem mußten Seite und Diagonale so beschaffen sein, daß man aus ihnen in zweifacher Weise gleichschenklige Dreiecke herstellen konnte. Aus diesen Überlegungen folgte, daß sie dem „Anfangsfünfeck" die Seite $s_1 = 2$ und die Diagonale $d_1 = 3$ zuschreiben mußten (Fig. 6c).

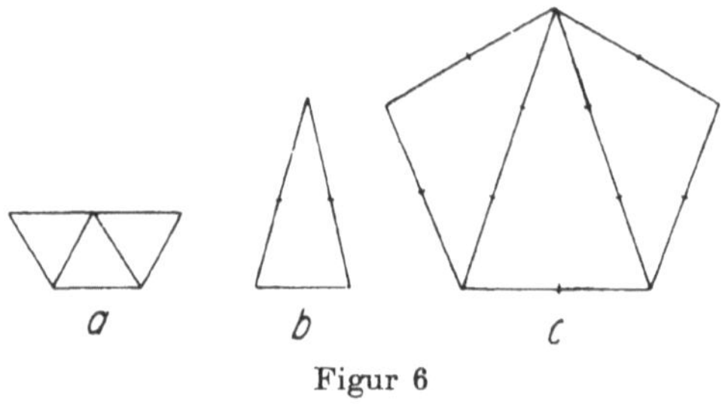

Figur 6

Zu diesem Fünfeck gelangten sie wohl, indem sie ein regelm. Fünfeck durch zwei Diagonalen in drei gleichschenklige Dreiecke zerlegten; schrieben sie nun der Seite s' und der Diagonale d' den Wert „Eins" bei, so erhielten sie ein zum Viereck entartetes Fünfeck (Fig. 6a). Die folgende Figur war nach Gl. (5) durch $s'' = 1$ und $d'' = 2$ bestimmt; es ergab sich ein zu einem Dreieck entartetes Fünfeck (Fig. 6b). Mit $s_1 = 2$ und $d_1 = 3$ bekamen sie dann erst das brauchbare „Ausgangsfünfeck" (Fig. 6c). Vermöge der Gleichungen (5) konnten sie jetzt die Seiten und Diagonalen in den folgenden Fünfecken berechnen und erhielten so die „Seiten- und Diagonalzahlen beim regelm. Fünfeck":

$s_1 = 2$	$d_1 = 3$	
$s_2 = 3$	$d_2 = 5$	
$s_3 = 5$	$d_3 = 8$	
$s_4 = 8$	$d_4 = 13$	
$s_5 = 13$	$d_5 = 21$	usw.

Wie im Falle der Untersuchung am Quadrat konnten diese Zusammenhänge auch durch eine Zeichnung veranschaulicht werden (Fig. 7). Wie dort die Grundlinien der Quadrate, so bilden hier die Grundlinien der Fünfecke eine gebrochene Linie ABCDEF, und die gleichseitigen Fünfecke nehmen mehr und mehr die Gestalt eines regelm. Fünfecks an.

Zieht man in den Fünfecken der Fig. 7 die Diagonalen, die parallel zu den Grundlinien AB, BC, usw. verlaufen, so lehrt der Augenschein, daß die Breite der Fünfecke abwechselnd größer bzw. kleiner als beim regelm. Fünfeck ist. Daraus folgt, daß im Fünfeck über AB die Seite s_1 im Verhältnis zur Diagonale d_1, d. h. $s_1 : d_1 = \frac{2}{3}$ zu groß ausfällt; im folgenden Fünfeck ist dagegen das Verhältnis $s_2 : d_2 = \frac{3}{5}$ offenbar zu klein, usf. Diese Beobachtung kann

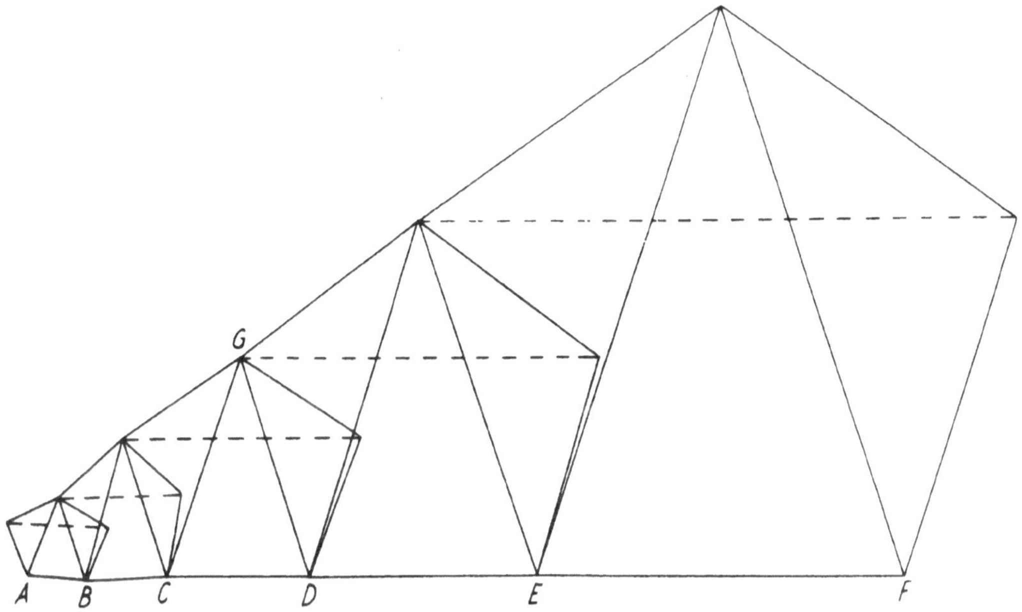

Figur 7

HIPPASOS und seinen Mitarbeitern die Anregung gegeben haben, das Verhältnis $s_n : d_n$ für $n = 1, 2, . .$ zu untersuchen. Sie durften mit Recht vermuten, daß sich das Verhältnis $s_n : d_n$ mit wachsendem n mehr und mehr dem wahren Werte für das regelm. Fünfeck nähern wird, genauso wie dies beim Quadrat der Fall ist. Es kam jetzt für sie darauf an, neben dem arithmetischen Zusammenhang gemäß Gl. (4) oder (5) noch eine geometrische Beziehung zwischen der Seite und der Diagonale des regelm. Fünfecks zu ermitteln, wofür bei diesem Vieleck im Gegensatz zum Quadrat bisher noch keine Anhaltspunkte vorlagen.

7. DIE AUFFINDUNG DER GEOMETRISCHEN DEFINITION DER STETIGEN TEILUNG

Es ist bemerkenswert, daß der Näherungsbruch $\frac{5}{8}$ in einem Scholion zu Satz 11 des 2. Buches der Elemente erwähnt wird. Der Verfasser stellt zunächst im Scholion 72[40]) fest, daß dieser Satz nicht durch Rechensteine begreiflich gemacht werden könne (*οὐ δείκνυται διὰ ψήφων*), wie dies bei den früher besprochenen Lehrsätzen möglich gewesen sei, und führt dann im Scholion 73 aus[41]): (Fig. 8).

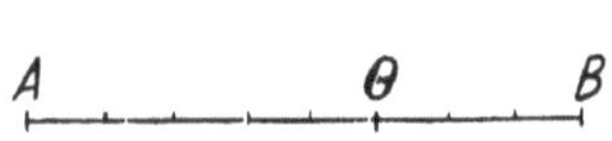

Figur 8

Man teile die ganze Strecke AB in acht gleiche Teile. Nun nehme man die Anzahl über der ganzen Strecke als 5 und 3, addiere sie und vervielfache sie mit 3. Es entsteht 24; denn 3 · 8 = 24. Man nehme noch vom zweiten Abschnitt, nämlich von BΘ, den 8. Teil von 8, was die Zahl 1 ergibt, und füge sie zu der 24 hinzu; es entsteht das Rechteck aus der ganzen Strecke und dem einen der Abschnitte, nämlich 25. Man wird ebenso auch die Zahl des andern Abschnitts AΘ, nämlich 5, mit sich selbst vervielfachen. Dies ergibt 25; denn 5 · 5 = 25. Also ist das Rechteck aus der ganzen Strecke AB[42]) und dem einen der Abschnitte, nämlich BΘ, gleich dem Quadrat über dem andern Abschnitt AΘ.

Wenn der Scholiast hier vielleicht aus Flüchtigkeit zu erwähnen vergißt, daß man erst durch Hinzufügung der ,,Eins" zum Rechteck 24 das Quadrat 25 erhält, so ist er sich doch der Tatsache wohl bewußt, daß erst Rechteck und Eins gleich dem Quadrat ist; denn im Scholion 77 schließt er die Bemerkungen zur Konstruktionsaufgabe II, 11 mit dem Hinweis ab: Wisse auch dies, daß man sie mit Zahlen nicht verständlich machen kann; denn eine solche Strecke ist unaussprechbar und fällt unter keine Zahl[43]).

Offenbar wollte der Verfasser des Scholions zeigen, wie man der Schwierigkeit Herr wird, daß der größere Abschnitt einer nach dem ,,Schnitt" geteilten aussprechbaren Strecke ,,unaussprechbar" ist. Seine Ausführungen erinnern an den oben mitgeteilten Bericht des Proklos über das Verfahren der Pythagoreer, den Durchmesser des Quadrats ,,aussprechbar" zu machen.

---

40) Euclidis Elementa [8]), V, S. 248, 22—249, 3.

41) A. a. O., S. 249, 4—16: *Τετμήσθω ἡ ὅλη εὐθεῖα ἡ AB εἰς ὀκτὼ καὶ ὄγδοον. λαβὼν οὖν τὸν ὑπὸ τῆς ὅλης ἀριθμὸν τὸν ε̄ καὶ γ̄ καὶ ἑνώσας πολλαπλασίασον αὐτὸν ἐπὶ τὸν τρία. καὶ γίνονται κδ̄· τρὶς γὰρ η̄ κδ̄. λαβὼν καὶ τοῦ ἑτέρου τῶν τμημάτων τοῦ BΘ ἤγουν τὸ ὄγδοον τοῦ ὀκτώ, ὅπερ ἐστὶν ἕν, καὶ προστιθεὶς τοῖς κδ̄, γίνεται τὸ ὑπὸ τῆς ὅλης καὶ τοῦ ἑνὸς τῶν τμημάτων κε̄. πολλαπλασιάσεις ὡσαύτως καὶ τὸν τοῦ ἑτέρου τμήματος τῆς AΘ ἀριθμὸν πρὸς ἑαυτόν, ἤγουν τὸν ε̄. ποιεῖ τὸν κε̄· πεντάκις γὰρ ε̄ κε̄. ὥστε τὸ ὑπὸ τῆς ὅλης τῆς AΘ* (richtig ist AB) *καὶ τοῦ ἑτέρου τῶν τμημάτων τῆς BΘ περιεχόμενον ὀρθογώνιον ἴσον ἐστὶ τῷ ἀπὸ τοῦ λοιποῦ τμήματος τοῦ AΘ ἀναγραφομένῳ τετραγώνῳ.*

42) A. a. O., S. 249, 13: AΘ ist in AB zu verbessern.

43) A. a. O., S. 251, 2—4: *ἴσθι καὶ τοῦτο, ὡς δι' ἀριθμῶν οὐ δείκνυται· ἄλογος γάρ ἐστιν ἡ τοιαύτη εὐθεῖα καὶ ἀριθμοῖς οὐχ ὑποπίπτει.*

Die für den Näherungswert $\frac{5}{8}$ festgestellte Beziehung zwischen den Abschnitten einer im Verhältnis 5 : 3 geteilten Strecke läßt sich leicht auf die anderen Brüche $\frac{2}{3}, \frac{3}{5}, \frac{8}{13}$ usw. ausdehnen. Dabei wird das Rechteck aus der ganzen Strecke und dem einen der Abschnitte abwechselnd um die Einheit größer oder kleiner als das Quadrat über dem andern Abschnitt. Zur Zeit des Scholiasten waren daher die Mathematiker wohl in der Lage, in Anlehnung an den Wortlaut bei PROKLOS den Satz auszusprechen: Wird eine aussprechbare Strecke nach EUKLID II, 11 geteilt, dann ist der größere Abschnitt nicht ohne weiteres „aussprechbar", sondern wird es erst dadurch, daß sein Quadrat um die Einheit größer oder kleiner gemacht wird als das Rechteck aus der ganzen Strecke und dem andern Abschnitt.

Daß der Scholiast für seine Betrachtung gerade den Näherungswert $\frac{5}{8}$ auswählte, hat vielleicht einen ähnlichen Grund wie die Tatsache, daß der Näherungswert $\frac{5}{7}$ für das Verhältnis der Seite zur Diagonale des Quadrats bei PLATON[44]) erwähnt und von ARISTARCHOS von Samos[45]) praktisch verwertet wird. Beide Werte geben nämlich schon eine sehr gute Annäherung an die wahre Gestalt des regelm. Fünfecks bzw. Quadrats[46]).

Das Scholion 73 kann natürlich nicht als Beweis dafür gelten, daß man bereits bei den ersten Untersuchungen der Näherungsbrüche $s_n : d_n$ aus den Abschnitten 5 und 3 der Strecke 8 die Identität $8 \cdot 3 + 1 = 5^2$ abgeleitet hat. Da man aber aus der geometrischen Deutung dieser arithmetischen Gleichung zur geometrischen Lösung der Aufgabe EUKLID II, 11 vorstoßen kann, so hat doch die Annahme vieles für sich, daß bereits frühzeitig derartige Identitäten aus den Näherungsbrüchen $\frac{2}{3}, \frac{3}{5}, \frac{5}{8}$ usw. gebildet worden sind. Der Weg dazu mochte etwa folgender gewesen sein:

Wollte HIPPASOS die Näherungsbrüche $s_n : d_n$ der gleichseitigen Fünfecke von Fig. 7 daraufhin untersuchen, ob ihre Werte mit wachsendem n immer näher zusammenrücken, so mußte er benachbarte Brüche miteinander vergleichen. Zu diesem Zwecke konnte er auf einer Geraden, die er als „Einheitsstrecke" auffaßte, die betreffenden Brüche als „Strecken" konstruieren und deren Längen miteinander vergleichen. Begann er etwa mit den Brüchen $\frac{2}{3}$ und $\frac{3}{5}$, so teilte er (Fig. 9a) die Einheitsstrecke AB am besten zunächst in 15 gleiche Teile und nahm die Anzahl über der ganzen Strecke als 10 und 5 an mit dem Teilungspunkt C. Dann hatte er AB durch C so geteilt, daß sich der größere Abschnitt AC zur ganzen Strecke AB wie 2 : 3 verhielt. Er konnte daher die Strecke AC = 10 Teile als ein Maß für das Teilungsverhältnis 2 : 3 auffassen. In gleicher Weise erhielt er, wenn er die Anzahl der Teile über der ganzen Strecke AB als 9 und 6 mit dem Teilungspunkt D annahm, die Strecke AD = 9 Teile als Maß für das Teilungsverhältnis 3 : 5.

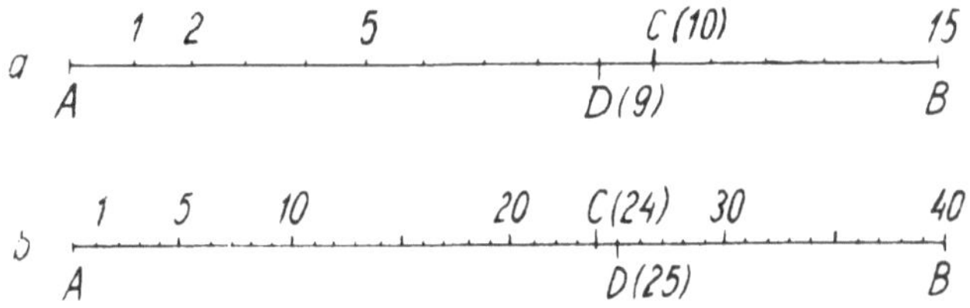

Figur 9

Es mag hier an ARISTARCHOS von Samos (etwa 310–230 v. Chr.) erinnert werden, der in seiner Abhandlung „Über die Größe und die Entfernung von Sonne und Mond" das Ver

44) Platonis op. 21), IV, 546c.

45) Th. Heath, Aristarchos of Samos, Oxford 1913, S. 378.

46) Im dritten angenäherten Fünfeck der Fig. 7 mit CD : CG = 5 : 8 ist die Seite CD größer als beim regelm. Fünfeck mit der Diagonale d = 8. Der Fehler liegt aber unter 0,7% in bezug auf die Diagonale d = 8.

hältnis der Winkel $\alpha = \frac{1}{4}$ eines Rechten und $\beta = \frac{1}{30}$ eines Rechten zu $\alpha : \beta = 15 : 2$ bestimmt[47]). Zur Erklärung fügt er bei: „Denn wenn man sich einen Rechten Winkel in 60 gleiche Teile geteilt denkt, so enthält α davon 15, β aber 2 Teile“[48]). Die Einteilung der Einheitsstrecke bzw. des Einheitswinkels in eine passende Anzahl gleicher Teile entspricht rechnerisch der Bestimmung des Hauptnenners.

Die Anzahl der Teile, die in den Strecken AC bzw. AD enthalten sind, ließ sich aber auch leicht berechnen. Beim Bruch $\frac{2}{3}$ z. B. ermittelte man die Anzahl 10 der Teile von AC als das Produkt aus der Anzahl 5 der Teile, die auf der Einheitsstrecke AB den zugehörigen Stammbruch $\frac{1}{3}$ bilden, und dem Zähler 2 des vorgegebenen Bruches. Beim Bruch $\frac{3}{5}$ entstand die Maßzahl 9 für die Strecke AD als Produkt aus der Anzahl 3 für den zugehörigen Stammbruch $\frac{1}{5}$ und dem Zähler 3 des gegebenen Bruches.

Nach dem gleichen Verfahren ergaben sich bei der Vergleichung der Teilungsverhältnisse $\frac{3}{5}$ und $\frac{5}{8}$ auf der in 40 gleiche Teile geteilten Einheitsstrecke AB (Fig. 9b) die Strecke AC $= 8 \cdot 3 = 24$ Teile für $\frac{3}{5}$ und AD $= 5 \cdot 5 = 25$ Teile für $\frac{5}{8}$. Die verglichenen Teilungsverhältnisse unterscheiden sich also in der geometrischen Darstellung jedesmal nur um einen der gleichen Teile voneinander, und im ersten Falle ist AD kleiner, im zweiten Falle dagegen größer als AC. Da die Einheitsstrecke im ersten Falle in 15, im zweiten Falle in 40 gleiche Teile geteilt wurde und bei der Fortsetzung des Verfahrens die Anzahl der gleichen Teile ständig zunimmt, so wird der Unterschied benachbarter Teilungsverhältnisse entsprechend immer kleiner.

Benachbarte Teilungsverhältnisse ließen sich aber auch unmittelbar aus den Fünfecken der Fig. 7 ablesen und darstellen, z. B. $\frac{3}{5}, \frac{5}{8}$ aus dem dritten Fünfeck, indem man auf der Diagonale CG = 8 Einheiten die Seite CD = 5 Einheiten abtrug, so daß CH = CD wurde (Fig. 10)[49]). Es ist also GH : HC = 3 : 5 und CH : CG = 5 : 8. HIPPASOS konnte daher die Maßzahl $24 = 8 \cdot 3$ von AC in Fig. 9b geometrisch als den Flächeninhalt des Rechtecks aus der ganzen Strecke CG = 8 Einh. und dem kleineren Abschnitt GH = 3 Einh. auffassen und entsprechend die Maßzahl $25 = 5 \cdot 5$ von AD in Fig. 9b als den Flächeninhalt des Quadrats über dem größeren Abschnitt CH = 5 Einh.

Figur 10

Die Vergleichung der arithmetischen Näherungsbrüche $\frac{3}{5}$ und $\frac{5}{8}$ lieferte also die geometrische Flächengleichung $CG \cdot GH + 1 = CH^2$. Bezeichnet man die ganze Strecke CG mit d_3, den größeren Abschnitt CH = CD mit s_3 und den kleineren Abschnitt GH mit $d_3 - s_3 =$ (Rest) r_3 ($= s_2$), so erhält man $d_3 \cdot r_3 + 1 = s_3^2$ oder $d_3 \cdot r_3 - s_3^2 = -1$.

Die Vergleichung der Näherungsbrüche $\frac{2}{3}$ und $\frac{3}{5}$ im zweiten Fünfeck der Fig. 7 lieferte, wie sich aus der Fig. 9a ergibt, die Gleichung $d_2 \cdot r_2 - s_2^2 = +1$, und aus dem ersten Fünfeck erhielt man $d_1 \cdot r_1 - s_1^2 = -1$.

Auf diese Weise konnte zur Zeit des HIPPASOS oder unmittelbar nach ihm durch geometrische Interpretation der Näherungsbrüche $\frac{2}{3}, \frac{3}{5}, \frac{5}{8}$ usw. für die Seiten und Diagonalen der Fünfecke in Fig. 7 der Satz gefunden werden: Durch das Abtragen der Seite s auf der

[47]) Th. Heath[45]), S. 376 f.
[48]) A. a. O., S. 378: *οἵων γάρ ἐστιν ὀρθὴ γωνία ξ, τοιούτων ἐστὶν ἡ μὲν ὑπὸ τῶν HBE ιε, ἡ δὲ ὑπὸ τῶν ΔBE δύο.*
[49]) Die Strecken CG und CD (= CH) der Fig. 7 sind hier vergrößert wiedergegeben.

Diagonale d eines Fünfecks wird die Diagonale so geteilt, daß das Rechteck aus der Diagonale und ihrem kleineren Abschnitt $r = d - s$ abwechselnd um die Einheit größer oder kleiner ist als das Quadrat über dem größeren Abschnitt s.

Das Ergebnis dieser Betrachtungen kann in der Gleichung zusammengefaßt werden:

$$d_n \cdot r_n - s_n^2 = \begin{Bmatrix} +1 \\ -1 \end{Bmatrix} \text{ für } n = \begin{cases} \text{gerade} \\ \text{ungerade.} \end{cases} \tag{6}$$

Die auffallende Ähnlichkeit dieses Ergebnisses mit dem für die Seiten- und Durchmesserzahlen beim Quadrat festgestellten Zusammenhang (s. Gl. 3) konnte den „Mathematikern" des 5. Jahrhunderts v. Chr. nicht verborgen bleiben. Während aber beim Quadrat durch geometrische Betrachtungen längst bewiesen war, daß für seine Seite und Diagonale die Beziehung $2s^2 - d^2 = 0$ gilt, lag der Fall beim regelm. Fünfeck ganz anders. Hier sollte der geometrische Zusammenhang zwischen der Seite und der Diagonale erst gefunden werden.

Nun stimmte das Verhalten der Näherungsbrüche $d_n : s_n$ für das Quadrat und $s_n : d_n$ für das regelm. Fünfeck auch insofern überein, als mit wachsendem n die Differenzen aufeinanderfolgender Brüche immer kleiner werden. Für die „Mathematiker" mußte also der Analogieschluß naheliegen: Wie man im Falle des Quadrats durch Nullsetzen des Ausdrucks $2s_n^2 - d_n^2$ zum richtigen, geometrisch beweisbaren Ergebnis gelangt, daß im Quadrat $2s^2 = d^2$ ist, so wird man im Falle des regelm. Fünfecks durch Nullsetzen des Ausdrucks $d_n \cdot r_n - s_n^2$ den geometrischen Zusammenhang zwischen seiner Seite und Diagonale erschließen können. Man konnte also vermutungsweise den Satz aussprechen: Trägt man im regelm. Fünfeck die Seite auf der Diagonale ab, so wird die Diagonale so geteilt, daß das Rechteck aus der Diagonale und der Differenz gleich dem Quadrat über der Seite ist.

Hiermit war ein aussichtsreicher Weg gewiesen, die „Fünfecksteilung" mittels des Flächenbegriffs zu definieren. Damit jedoch aus dieser Vermutung eine unumstößliche mathematische Tatsache wurde, mußte der „Aufzeigung" (ἀπόφασις) des Satzes noch sein Beweis (ἀπόδειξις) folgen. Nach ARCHIMEDES[50]) gebührt aber demjenigen, welcher als erster einen Lehrsatz, ohne noch einen Beweis dafür zu geben, ausspricht, kein geringeres Verdienst als demjenigen, welcher als erster den Lehrsatz beweist.

[50]) Archimedis op. omn., ed. J. L. Heiberg, II², Leipzig 1913, S. 430, 2–9.

8. DIE KONSTRUKTION DER STETIGEN TEILUNG. SCHLUSS

Den „Mathematikern" gelang wahrscheinlich bei ihren Bemühungen, den neuen Lehrsatz zu beweisen, zunächst die Lösung der Aufgabe, eine gegebene Strecke so zu teilen, daß das Rechteck aus der ganzen Strecke und dem einen Abschnitt gleich dem Quadrat über dem andern Abschnitt ist. Weil von dieser Streckenteilung noch nicht feststeht, ob sie mit der oben besprochenen Fünfecksteilung identisch ist, soll sie hier vorerst als der „Schnitt" bezeichnet werden.

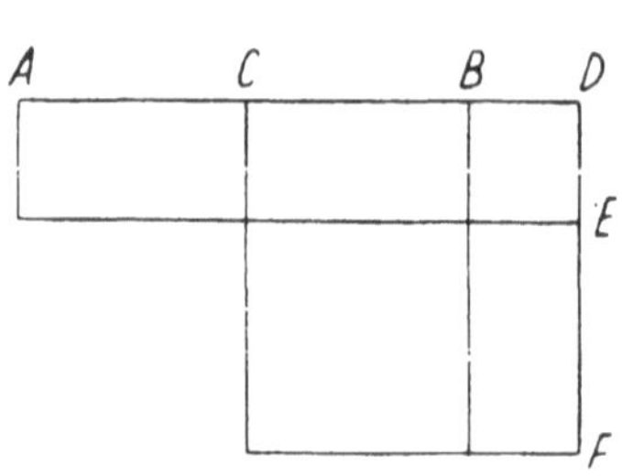

Figur 11

Aus dem 2. Buche der Elemente kann man ersehen, wie die „Mathematiker" bei der Konstruktion des „Schnittes" vorgingen. Die Lösung wird durch den Lehrsatz vorbereitet, den wir jetzt in II, 6 vorfinden (Fig. 11): Halbiert man eine Gerade (AB durch C) und verlängert sie geradlinig um irgendeine Strecke (BD), so ist das aus der ganzen Strecke samt der Verlängerung (AD) und der Verlängerung (BD) gebildete Rechteck zusammen mit dem Quadrat über der Hälfte (BC) gleich dem Quadrat über der aus der Hälfte und der Verlängerung gebildeten Strecke (CD):

$$AD \cdot BD + BC^2 = CD^2. \qquad (7)$$

Der Beweis folgt ohne weiteres aus der Fig. 11[51]), in der DE = DB und EF = BC ist.

Die Durchführung der Konstruktion selbst, die in II, 11 auf uns gekommen ist, setzt die Kenntnis der aus der Fünfecksteilung folgenden zwei Hilfssätze voraus:

a) Wird eine Strecke mit Fünfecksteilung um ihren größeren Abschnitt verlängert, so wird die Gesamtstrecke nach der Fünfecksteilung geschnitten, und die ursprüngliche Strecke ist jetzt der größere Abschnitt.

b) Trägt man bei einer Strecke mit Fünfecksteilung den kleineren Abschnitt auf dem größerem Abschnitt ab, so wird dieser nach der Fünfecksteilung geschnitten, und die abgetragene Strecke ist sein größerer Abschnitt.

Diese Hilfssätze, die identisch mit den entsprechenden Sätzen der stetigen Teilung sind, findet man nicht im 2. Buche der Elemente wörtlich aufgeführt. Der Satz (b) ist implizite in der Konstruktion zu Aufgabe II, 11 enthalten; der Satz (a) wird erst viel später in den Elementen, in XIII, 5 bewiesen. Hippasos und die „Mathematiker" seiner Zeit konnten aber durch ihre Untersuchungen am regelm. Fünfeck diese Lehrsätze – auch ohne Beweis – als richtig erkannt haben und durften sich für berechtigt halten, sie bei der Lösung der vorliegenden Aufgabe mit heranzuziehen.

Der Hilfssatz (a) hat ihnen vermutlich den nicht leicht zu findenden Weg gewiesen, auf dem Aufgabe II, 11 zu lösen war. Ist nämlich in Fig. 11 die Gerade AB die zur Teilung vorgelegte Strecke und faßt man BD als den größeren Abschnitt der nach dem „Schnitt" ge-

[51]) Euclidis Elementa[8]), I, Leipzig 1883, S. 132f.

teilten Strecke AB auf, so ist nach Hilfssatz (a) AD die neue Gesamtstrecke mit B als Teilungspunkt und mit AB als dem größeren Abschnitt. Es besteht also die Gleichung:

$$AD \cdot BD = AB^2. \tag{8}$$

Ersetzt man nun in Gl. 7 das Rechteck AD · BD durch das Quadrat AB^2, so folgt

$$CD^2 = AB^2 + BC^2.$$

Daher ist CD bestimmt als die Hypotenuse des rechtwinkligen Dreiecks mit den Katheten AB und $\frac{1}{2}$ AB. Hieraus ergibt sich dann die Konstruktion bei EUKLID II, 11 (Fig. 12)[52]. AB ist die nach dem Schnitt zu teilende Strecke; durch EF = EB erhält man ihren größeren Abschnitt AF. Rechteck FJ ist gleich Quadrat AC; folglich Quadrat FH gleich Rechteck HC; also wird AB durch H so geteilt, daß AB · BH = AH^2 ist.

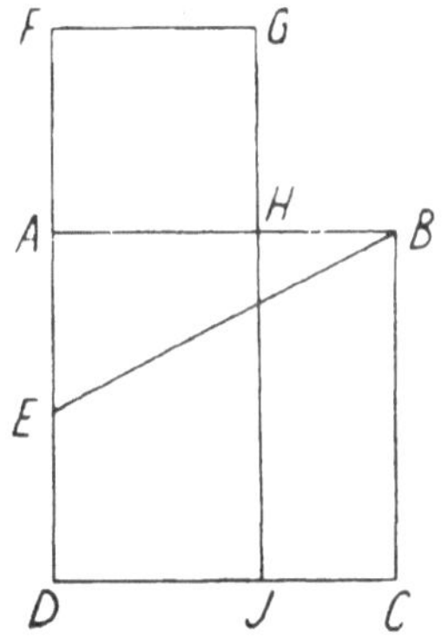

Figur 12

Hiermit war der Existenzbeweis für die merkwürdige Streckenteilung erbracht, auf welche die „Mathematiker" bei ihren Betrachtungen am regelm. Fünfeck vermutungsweise gestoßen waren. Die Konstruktion war für sie auch deshalb wichtig, weil hiermit eine Aufgabe geometrisch gelöst wurde, der man rechnerisch nicht beikommen konnte. Denn aus der kurz zuvor von HIPPASOS entdeckten Inkommensurabilität von Seite und Diagonale des regelm. Fünfecks mußte man folgern, daß es unmöglich ist, das Verhältnis von Seite und Diagonale des regelm. Fünfecks durch ganze Zahlen genau auszudrücken.

Nach der Auffindung der geometrischen Konstruktion des „Schnittes" war schließlich noch der Nachweis zu führen, daß dieser „Schnitt" identisch ist mit der Fünfecksteilung, d. h. mit der Teilung, die man durch das Abtragen der Seite des regelm. Fünfecks auf seiner Diagonale erhält. Nun war einerseits durch Winkelberechnungen im regelm. Fünfeck (Fig. 2) festzustellen, daß das aus einer Seite und zwei Diagonalen gebildete gleichschenklige Dreieck ABD die Eigenschaft besitzt, daß jeder der Winkel an der Grundlinie AB doppelt so groß ist wie der Winkel an der Spitze D. Andrerseits ließ sich der Nachweis führen (EUKLID IV, 10), daß ein gleichschenkliges Dreieck, dessen Grundlinie gleich dem größeren Abschnitt eines durch den „Schnitt" geteilten Schenkels ist, eben diese Winkeleigenschaft des Dreiecks ABD besitzt. Damit war der Beweis erbracht, daß der nach EUKLID II, 11 ausgeführte „Schnitt" die Fünfecksteilung darstellt, und es bereitete nun keine Schwierigkeit, ein regelm. Fünfeck mit Lineal und Zirkel zu zeichnen.

Es ist durchaus denkbar, daß die Konstruktion des regelm. Fünfecks sofort nach der Entdeckung des „Schnittes" gefunden wurde; denn die Lösung der Aufgabe EUKLID IV, 10 erfordert außer den einfachsten Sätzen aus der Kreislehre die Anwendung des Sehnen-Tangenten-Satzes und seiner Umkehrung, EUKLID III, 36 und 37. Diese Lehrsätze können aber als damals bekannt vorausgesetzt werden, da ihre Beweise außer auf elementare Sätze aus der Kreislehre nur noch auf den oben genannten Satz II, 6 zurückgreifen.

In dieser Weise könnte sich die Entdeckung der „Fünfecksteilung", der man später die Bezeichnung „stetige Teilung" beilegte, durch HIPPASOS und seine Nachfolger in der zweiten Hälfte des 5. Jahrhunderts v. Chr. abgespielt haben.

[52]) A. a. O., S. 152f.

ZUSAMMENFASSUNG

der Abhandlung von S. HELLER

„Die Entdeckung der stetigen Teilung durch die Pythagoreer"

Der Verfasser führt aus, daß man die Auffindung der stetigen Teilung HIPPASOS von Metapont verdankt — sei es, daß er sie selbst gefunden hat, sei es, daß er durch seine Entdeckung des Irrationalen die Anregung dazu gegeben hat. Es wird dann versucht, den Weg aufzuzeigen, auf dem HIPPASOS und die Mathematiker seiner Zeit zur geometrischen Definition der stetigen Teilung gekommen sein könnten.

Als HIPPASOS etwa in der Mitte des 5. Jahrhunderts v. Chr. am regelmäßigen Fünfeck die Inkommensurabilität von Seite und Diagonale entdeckte, hatten sich bei den Pythagoreern Unteritaliens zwei Richtungen entwickelt; die einen waren nur Kenner der Lehre; die anderen beschäftigten sich wissenschaftlich mit der Lehre und ihrem weiteren Ausbau. Zu den letzteren, die „Mathematiker" genannt wurden, gehörte HIPPASOS.

Sehr bald nach dieser Entdeckung unmeßbarer Strecken gelang der Nachweis, daß auch beim Quadrat Seite und Diagonale inkommensurabel sind. Im Anschluß hieran entwickelten die „Mathematiker" mittels einer merkwürdigen Verquickung mathematischer Überlegungen mit mystischen Vorstellungen vom Wesen der μονάς, der „Einheit", die sog. „Seiten- und Durchmesserzahlen". Sie konstruierten, von einem kleinen Quadrat ausgehend, eine Reihe immer größer werdender Quadrate, für deren Seiten und Diagonalen die Beziehungen galten

(1) $$s_n = s_{n-1} + d_{n-1} \quad \text{und} \quad d_n = s_n + s_{n-1}.$$

Durch Umkehrung des Konstruktionsverfahrens konnten sie leicht eine Reihe immer kleiner werdender Quadrate erhalten, entsprechend den Gleichungen

(2) $$s_{n-1} = d_n - s_n \quad \text{und} \quad d_{n-1} = s_n - s_{n-1}.$$

In letzterem Falle stellte also die Differenz aus der Diagonale und Seite eines Quadrats die Seite des nächstkleineren Quadrats dar.

Die „Mathematiker" stellten sich nun vor, bis zu dem kleinsten Quadrat zurückgegangen zu sein, legten seiner Seite und Diagonale den Wert „Eins" bei und berechneten vorwärtsschreitend nach Gl. (1) die Seiten und Diagonalen der folgenden Quadrate. So erhielten sie die „Seiten- und Durchmesserzahlen beim Quadrat":

$$s_1 = 1,\ d_1 = 1; \quad s_2 = 2,\ d_2 = 3; \quad s_3 = 5,\ d_3 = 7; \quad s_4 = 12,\ d_4 = 17; \text{ u. s. f.}$$

Für zusammengehörige Glieder beider Zahlenreihen fanden sie den Zusammenhang:

(3) $$2s_n^2 - d_n^2 = \begin{Bmatrix} +1 \\ -1 \end{Bmatrix} \text{ für } n = \begin{cases} \text{ungerade} \\ \text{gerade.} \end{cases}$$

Der Verfasser weist darauf hin, daß HIPPASOS und seine Anhänger die Untersuchungsmethoden, die beim Quadrat zu neuen Ergebnissen führten, vermutlich auf das regelm.

Fünfeck übertragen haben. Nun hatte HIPPASOS bei seiner Entdeckung der Inkommensurabilität das Verfahren der Wechselwegnahme auf die Diagonale und Seite des regelm. Fünfecks angewandt und festgestellt, daß der 1. und 2. Rest wieder die Diagonale und Seite eines regelm. Fünfecks ergeben und daß ein Gleiches für die folgenden Restepaare gilt. Der Gedanke lag nahe, daß man ähnlich wie beim Quadrat eine Folge immer kleiner werdender regelm. Fünfecke herstellen könne, indem man die Differenz aus der Diagonale und Seite eines Fünfecks als die Seite des nächstkleineren Fünfecks auffaßte, nur daß jetzt, anders wie beim Quadrat, die Diagonale des kleineren Fünfecks gleich der Seite des vorausgehenden ist. Es gelten hierfür also die Gleichungen:

(4) $$s_{n-1} = d_n - s_n \quad \text{und} \quad d_{n-1} = s_n.$$

Umgekehrt konnte HIPPASOS eine Reihe immer größer werdender Fünfecke konstruieren gemäß den Gleichungen

(5) $$s_n = d_{n-1} \quad \text{und} \quad d_n = s_n + s_{n-1}.$$

Nun ließen sich auch wie beim Quadrat die „Seiten- und Diagonalzahlen beim regelm. Fünfeck" berechnen. HIPPASOS dachte sich wohl ein Fünfeck durch zwei Diagonalen in drei gleichschenklige Dreiecke zerlegt. Schrieb er nun den Seiten und den zwei Diagonalen dieses Fünfecks den Wert „Eins" zu, so erhielt er ein zu einem Viereck entartetes Fünfeck; beim nächsten Schritt mit $s = 1$ und $d = 2$ erhielt er ein Dreieck und erst die dritte Figur mit $s_1 = 2$ und $d_1 = 3$ lieferte ihm ein brauchbares „Anfangsfünfeck". Aus den Gl. (5) ergaben sich dann die Seiten- und Diagonalzahlen beim regelm. Fünfeck:

$$s_1 = 2,\ d_1 = 3;\ s_2 = 3,\ d_2 = 5;\ s_3 = 5,\ d_3 = 8;\ s_4 = 8,\ d_4 = 13;\ s_5 = 13,\ d_5 = 21;\ \text{usf.}$$

Ähnlich wie bei der Untersuchung des Quadrats konnte man hier feststellen, daß sich die aus s_n und d_n konstruierten Figuren mit wachsendem n mehr und mehr der Gestalt eines regelm. Fünfecks nähern. Geometrische Überlegungen lehrten auch, daß der Bruch $s_n : d_n$ abwechselnd zu groß oder zu klein ausfällt im Vergleich mit dem beim regelm. Fünfeck zu erwartenden Wert.

Der Verfasser zitiert nun ein Scholion zu EUKLIDS Elementen, II, 11, wo sich die geometrische Definition und die Konstruktion der stetigen Teilung vorfindet. In dieser Erklärung zu II, 11 wird der Näherungsbruch $s_3 : d_3 = 5 : 8$ geometrisch erläutert und festgestellt, daß das Rechteck aus der ganzen Strecke 8 und dem kleineren Abschnitt 3 bis auf die Differenz 1 gleich dem Quadrat über dem Abschnitt 5 ist. Dem Scholion darf man entnehmen, daß bereits frühzeitig derartige Zusammenhänge zwischen den Seiten- und Diagonalzahlen beim regelm. Fünfeck gefunden wurden. Möglicherweise haben die „Mathematiker" schon zur Zeit des HIPPASOS festgestellt, daß sich benachbarte Näherungsbrüche, z. B. $\frac{3}{5}$ und $\frac{5}{8}$, wenn man sie gleichnamig macht, nur um die „Einheit" im Zähler unterscheiden $\left(\frac{8 \cdot 3}{40} \text{ und } \frac{5 \cdot 5}{40}\right)$. Die Richtigkeit konnten sie auf geometrischem Wege nachweisen. Indem sie dann die Gleichung $8 \cdot 3 + 1 = 5 \cdot 5$ auf der im Verhältnis $5 : 3$ geteilten Strecke 8 geometrisch deuteten, gelangten sie zur geometrischen Definition der stetigen Teilung. Die ganze Strecke stellt dabei eine Diagonalzahl d_n und der größere Abschnitt die zugehörige Seitenzahl s_n dar; bezeichnet man den kleineren Abschnitt als Rest mit r_n, so ergab sich der Zusammenhang:

(6) $$d_n \cdot r_n - s_n^2 = \begin{Bmatrix} +1 \\ -1 \end{Bmatrix} \text{ für } n = \begin{cases} \text{gerade} \\ \text{ungerade.} \end{cases}$$

Dieses Ergebnis zeigt eine auffallende Ähnlichkeit mit der für die Seiten- und Durchmesserzahlen beim Quadrat gefundenen Beziehung Gl. (3). Weil sich nun aus Gl. (3) durch Nullsetzen der rechten Seite der geometrische Zusammenhang zwischen der Seite und Diagonale des Quadrats ergibt, nämlich $2s^2 = d^2$, so durften die „Mathematiker" ein Gleiches für das regelm. Fünfeck bei der durch Gl. (6) wiedergegebenen Beziehung erwarten, nämlich $d \cdot r = s^2$. Sie konnten also vermutungsweise die Behauptung aufstellen: Trägt man im regelm. Fünfeck die Seite auf der Diagonale ab, so wird die Diagonale so geteilt, daß das Rechteck aus der Diagonale und der Differenz gleich dem Quadrat über der Seite ist.

Den „Mathematikern" gelang bei ihren Bemühungen, den so gefundenen Satz zu beweisen, zunächst die Lösung der Aufgabe, eine Strecke stetig zu teilen; das Nähere findet sich in EUKLIDS Elementen II, 11. Schließlich konnten sie auch den Nachweis führen, daß diese Teilung identisch ist mit der durch $d \cdot r = s^2$ wiedergegebenen „Fünfecksteilung".

BERICHTIGUNGSZETTEL

S. 5, Fußnote, Zeile 2 v. u.	lies: *ἀϱιθμῶν* statt: *ἀϱιθμῶυ*
S. 16, Zeile 9 v. u.	lies: n immer statt: nimmer

2001/58/I/6 **Heller, Die Entdeckung**

FSC
www.fsc.org
MIX
Papier | Fördert
gute Waldnutzung
FSC® C083411

Kolibri 360 GmbH
Ferdinand-Jühlke-Straße 7
99095 Erfurt, Deutschland
produktsicherheit@kolibri360.de